少儿科普漫画系列

植物魔法探险之旅

王友国　苇眉儿 著
漫　明 绘

金盾出版社
JINDUN CHUBANSHE

内容提要

本书以漫画的形式讲述了三个小朋友通过魔法探险，认识并了解了许多关于植物的秘密，如花椒树果实的催眠效果、向日葵的向光性，琥珀如何形成等一系列有趣的植物常识。

图书在版编目（CIP）数据

植物魔法探险之旅 / 王友国，苇眉儿著；漫明绘 .— 北京：金盾出版社，2016.12
（少儿科普漫画系列）
ISBN 978-7-5186-1079-2

Ⅰ.①植… Ⅱ.①王… ②苇… ③漫… Ⅲ.①植物—少儿读物 Ⅳ.① Q94-49

中国版本图书馆 CIP 数据核字（2016）第 260592 号

金盾出版社出版、总发行
北京太平路 5 号（地铁万寿路站往南）
邮政编码：100036　电话：68214039　83219215
传真：68276683　网址：www.jdcbs.cn
中画美凯印刷有限公司印刷、装订
各地新华书店经销
开本：889 × 1194　1/16　印张：5
2016 年 12 月第 1 版第 1 次印刷
印数：1 ~ 4 000 册　定价：23.00 元

“魔法科学”来敲门

各位小朋友，小心呀，等了这么久，“魔法科学”终于来敲门了！

这是一套集知识性、趣味性于一体的儿童科普漫画书，用漫画的形式解读科学知识，在幽默好玩的故事构架中，加入了小朋友们最喜欢的新鲜元素，比如魔怪、魔法世界、小宠物之类的，可以使呆板的科普图书变得有趣味和有可读性。集知识性、科学性、文学性和想象力于一体，幽默有趣，朴实清新，是献给大家最有趣、最可爱、最爆笑的科普故事书！

这套书共三本，分别为《植物魔法探险之旅》《昆虫魔法探险之旅》《水中动物魔法探险之旅》，以魔法学校三位同学完成各种艰巨任务的经历为线索，将日常生活中常见的动植物特性呈现出来。幽默好玩的故事，清新独特的画风，通俗易懂的知识，让小朋友在爆笑的氛围中轻松地了解动植物的特异功能和好玩的秘密。

小朋友，要做一个智者、勇者，就要敢于经历心灵的探险。那时候，你一定会津津乐道，回味无穷。阅读这套书宛如一场惊心动魄的冒险历程，酣畅淋漓的描写，紧张诡秘的场面，机敏诙谐的人物，让你屏息，让你发笑，也让你思考。

还等什么呢？小朋友，快来乘坐“魔法科学”号“过山车”，一起来经历那些惊险刺激的野外探险吧！

主人公小档案

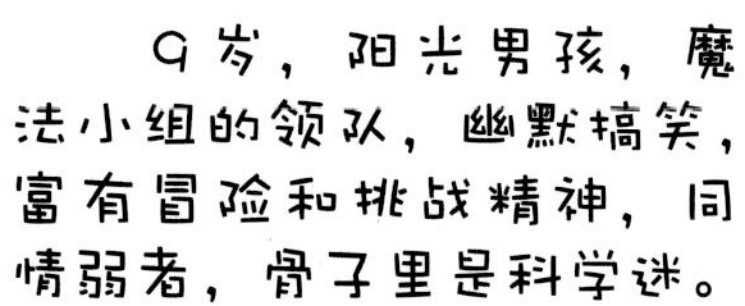

9岁，阳光男孩，魔法小组的领队，幽默搞笑，富有冒险和挑战精神，同情弱者，骨子里是科学迷。

魔法老师，一位博学多识的科学家，工作狂，会发明各种奇妙的东西，性格温和。

8岁，小胖子，刀刀的小跟班，单纯善良、忠诚义气，旱鸭子，常态是“不在吃就在想念着吃”，喜欢刨根问底以及跟漂亮女生搭讪。

7岁，小美女，有点野蛮、高傲，喜欢探险，胆子大，爱打扮，热心肠，喜欢看科普书。

若雪的小宠物，聪明活泼，胆小怕事，虽然是兔子，却具有人的特性，能听懂人的语言，偶尔会魔法。

轻松看漫画，
快乐学科学

报名参加“魔法科学知识大揭秘”的魔法三人组——刀刀、球球和若雪同学，接到了魔法老师温博士的神秘指示后，带上小宠物波比，踏上了前往神奇植物王国的未知之路。

植物世界，绚丽多彩。植物王国是一个充满乐趣的世界，也有很多奇闻怪事。玉米棒上每一圈的玉米粒为何都是偶数？哪种植物会搬家？哪种植物吃动物，它又是如何行凶的呢？

小朋友们，一起来揭开这些秘密吧！

第一章
花椒树果实的汁
渴死我了，我得
赶紧找点儿水喝。
球球同学，稍安勿躁。
魔法班的班训第七条说，
进入一个陌生的环境，
要先侦查周围的情况。
我饿。
哎哟——哎哟——
花椒树小镇
一个你对我好我也
对你好你对我不好
我也对你不好的小镇
欢迎各路大侠的到来！

什么你对我好你对我不好的，我看就是不怀好意！
呼!!
呼!!
叽叽喳喳！
嘶嘶、啪啪、哒哒、哼哼、咔咔
刀刀，若雪，救命啊！我不能死，我口袋里还有五包牛肉干三筒薯片八根火腿两个汉堡没吃呢！
一个你对我好我也对你好你对我不好我也对你不好的小镇，我明白了，我有办法了。
原来是球球把薯条吐到这上面了，请原谅我的兄弟吧！

请原谅他吧！

我也明白了！
花椒树小镇，好美丽的名字啊！你会欢迎我们的到来吗？

陷阱变浅了，太好了！
亲爱的花椒树小镇，我会成为你的好朋友的！

我可以爬出来了。

我，我知道错了，请放过我吧！

欢迎同学们的到来！
我是花椒树小镇的镇长。
欢迎同学们！
我们是这座魔法小镇的精英一族。
我叫若雪，魔法女学生。
我是刀刀，我也很喜欢研究魔法。
镇长爷爷用花椒树小镇的最高礼节招待了这三位可爱的小客人。
淡红色的饮料——花椒汁。
FIAOSLO

我叫小米卡，刚开始学习魔法。
若雪姐姐，我喜欢你头上的蝴蝶结。
我把蝴蝶结送给你，你开心吗?
我很开心！
你是一个勇敢的孩子，相信你会带领大家走出神秘的植物王国，揭开大自然的奥秘的！
小波比，快来吃胡萝卜！
这个花椒汁出现得太及时了，我要好好喝个够！

真好喝！
干了这一杯，继续再来下一杯。

饮料甜甜的，酸酸的，真好喝！

这下可好，球球同学足足昏睡了三天三夜才醒过来。

镇长爷爷，我到现在也没弄明白球球昏睡的原因。
我来给你解释一下吧，这原因就在他喝的花椒汁上。

花椒果里有一种叫“醚”的东西，当把它熬制成汁后，里面的醚就聚集起来，像我们手拉手一样形成“醚提物”，醚提物有安神、镇静的功效，能让人很快熟睡，适用于失眠的人。

花椒树，别名红果臭山槐、绒花树、山槐子，属于蔷薇科花椒属植物，落叶乔木或灌木，树高达 8 米，干皮光滑，小枝粗壮，奇数羽状复叶，小叶 5 ~ 7 对，卵状披针形，叶缘中部以上有细锐锯齿。

花椒树喜欢潮湿和阴暗的环境，不怕严寒。树皮是灰色的。芽及嫩枝都有白色绒毛。花为白色，花径达 10 厘米左右，非常美观，花期在 5 ~ 6 月。果实呈圆形，红色，成熟期在 9 ~ 10 月。春天播种。果实可酿酒，制果酱、果醋等，含多种维生素。花椒还是一种很好的园林绿化植物，春夏季叶片为深绿色，秋季变为鲜艳的红色。八月下旬到九月结橘红色浆果，可作庭院、公园、广场、小区绿化植物，是一道美丽的风景线。

花椒的果实、种子、茎和皮都可入药。具有镇咳祛痰，健脾利水的功效，树皮制剂可治疗腹泄，浆果可提炼漱口药，可治疗咽喉痛的扁桃体炎，也可用于治疗坏血症。还可治疗慢性支气管炎、肺结核、水肿等多种疾病。在药用方面有广阔的发展前景。

第二章
亿万年前的琥珀
波比，别嚷嚷，有什么事情好大惊小怪的？
你发现了什么东西？波比。
大家快点过来，快看！
是不是找到了什么能吃的好东西？

是项链。
这种项链一定非常值钱，我们发财了！这种森林里居然有此类宝物。
拿上来瞧瞧！
大家可不要贪图珍宝，来路不明的东西不能要！
估计是别人不小心弄丢的。
傻瓜，、路上捡到宝物，不要白不要！
反正又不是偷来的。

走了一天一夜了，刀刀他们来到了一座古城中，已经是饥肠辘辘……
哪里有东西吃呀？
客官们，买面包啦，新鲜出炉的香喷喷面包有卖！
可是我们身上没钱了。
老板，我们身上没有钱，只有这一串项链了，您看看能换多少个面包呀？
可以可以，这可是稀有宝物呀！我收。这笼面包你们都拿去吧！

慢着！

你手里拿的可
是琥珀项链？
啊？

什么是琥珀？

在远古时代，松树分泌出来的树脂黏住了松子，它们永远被定格在封入树脂的那一瞬。后来，地壳的运动使陆地下沉，森林变成大海，那些树木都被淹没在水中，时间一年一年的过去，树脂，就变成了琥珀。

大胆狂徒，居然敢
偷盗皇宫宝物！

什么？皇宫的宝物，我们没偷盗呀，请听我们解释……这是我们那天在森林里捡到的东西。
唉……

这件事情，等国王来处理，你们等着坐牢吧！
求求您放了我们吧，我们冤枉呀！我们不是贼。
大家看吧，这就是贪图财富的结局……
你说得对！

血的教训，路边之财不可贪呀！

陛下，盗贼已经被抓住了。

先把项链的事情放一放，我没心情抓贼！

公主病了，只要有人可以治好我女儿的病……

就算他犯了罪我都会赦免。

盗贼们!
听好了。

啊？什么？
“盗贼”好难听。

国王有令，谁能治好公主的病，就算他犯了罪都能赦免。

哦，怎么听起来像是某部电视剧的剧情，治好公主的病，公主得了什么病？说来听听，也许我们有办法。

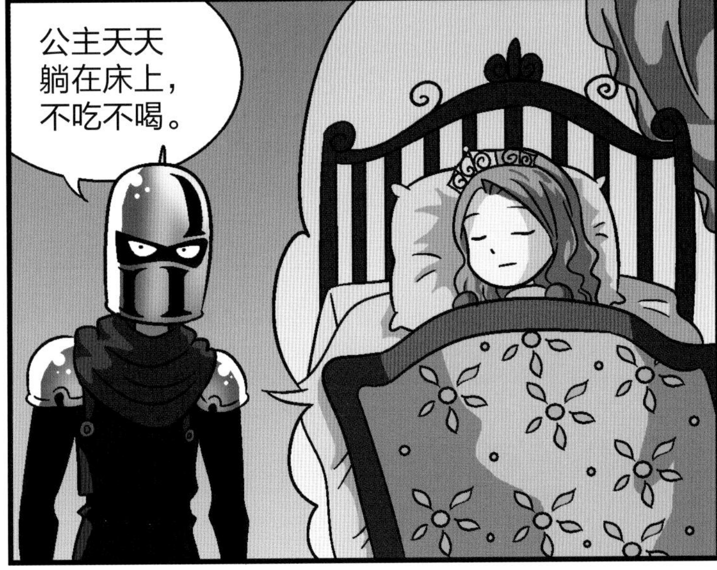
公主天天躺在床上，不吃不喝。

请国王放心好了，我能治好!

让我把下脉。

琥珀是第三纪松柏科植物的树脂，经地质作用掩埋地下，经过很长的时期，树脂失去挥发成分形成琥珀。琥珀很娇气，怕火、怕汽油、怕敲击、怕曝晒。有的琥珀还带有香味。有淡黄色、褐色、红褐色等颜色。琥珀的硬度低，质地轻，触摸起来温润，有宝石般的光泽与晶莹度；琥珀的另一个特征是含有特别丰富的内含物，如昆虫，植物，矿物等。

琥珀主要分布在白垩纪或第三纪的砂砾岩、煤层的沉积物中。琥珀质地轻，储藏方便，完美无瑕的琥珀具有非常高的收藏价值。多呈不规则的粒状、块状、钟乳状及散粒状。琥珀为有机物，加热到 150℃时软化，散发出芳香的松香气味。琥珀溶解于酒精。常含有昆虫、种子和其他包裹体。

我国根据琥珀的不同颜色、特点划分的品种为金珀、血珀、虫珀、香珀、石珀、花珀、水珀、明珀、蜡珀、密腊、红松脂等。

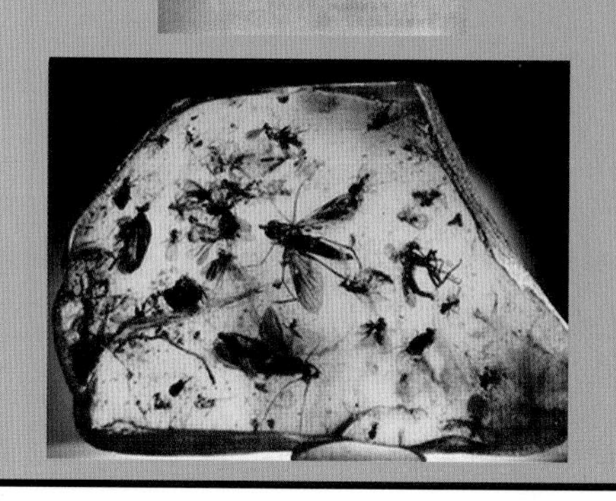

第三章
玉米棒上每一圈的
玉米粒都是偶数
草原真的是
太美啦！
根据温博士的指令，
魔法小分队来到了内
蒙古大草原。

刀刀，休息一下吧，过来喝奶茶啰！味道太好了，浓浓的，纯纯的。

好的，吁——！

大碗喝奶茶！
大口吃肉！

哦！这里还有玉米棒吃哦。

问号小拼盘

玉米又称玉蜀黍，又叫苞谷、苞粟、苞米、苞芦、棒子……原产于墨西哥或中美洲，栽培的历史近5000 年，但其起源和进化过程现在仍无定论。

1492 年哥伦布在古巴最早发现了玉米。1494 年他把玉米带回西班牙后，逐渐传到世界各地。中国玉米栽培已有 400 多年历史。

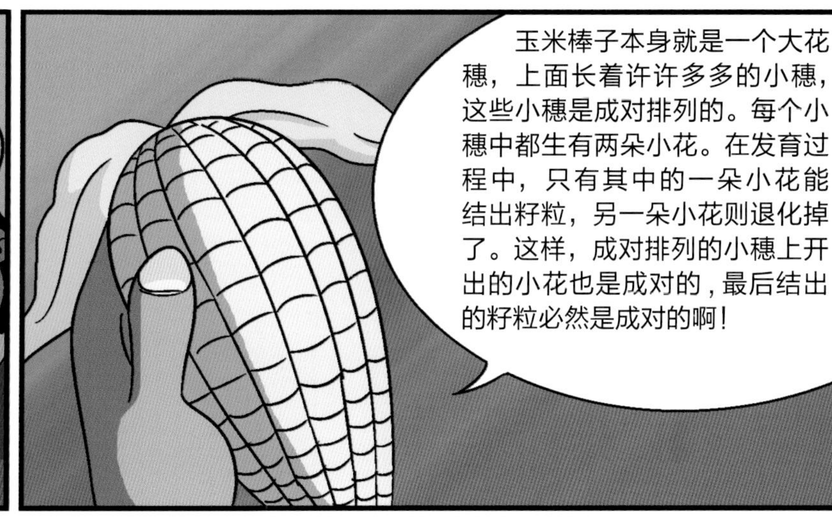

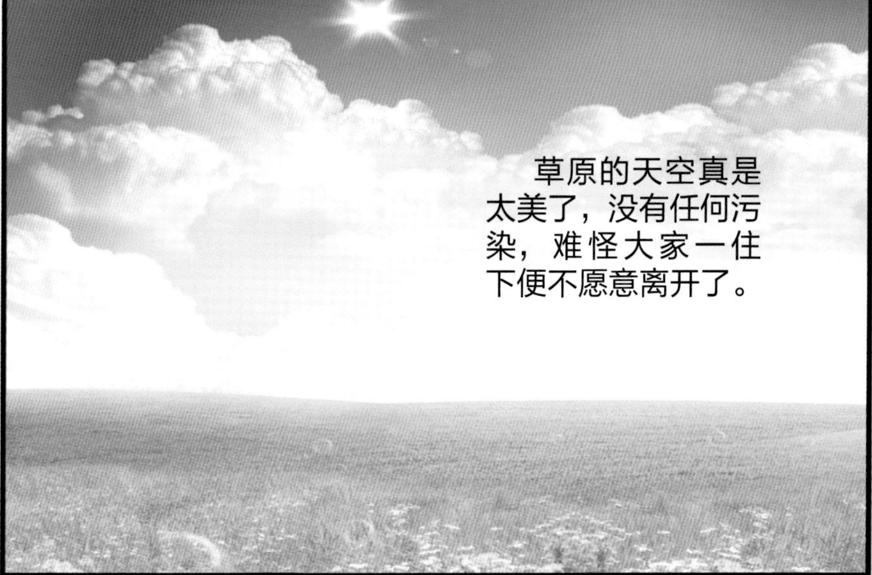

基地这边……

奇怪了，都已经去内蒙古大草原一个月了，怎么还联系不上刀刀魔法小分队呢?

不在服务区内。
【无信号】
到底他们去哪里了?

本固落多嘿嘿嘿哦哦哦嗯呢呢本做!

草原上的骏马哟，
快乐地奔跑啦哟
……
远方的客人哪呀哟嗯，
草原人民欢迎你……

若雪，我们
好像忘记了
什么？

哇！对了，我们来这里
一个多月了，忘记给温
博士打电话了。

无信号

哈哈，连手机也想休息
了，估计是这里的空气
太好了，好想永远都留
在大草原生活呀，我相
信大家都是这么想的。
……

感谢你们的招待，
我们要走了。

问号小拼盘

“玉米”之名最早见于徐光启的《农政全书》。在原产地美洲以外，中国是玉米种植最为普及的地区之一。玉米也是全世界总产量最高的粮食作物。

玉米喜温，种子发芽的最适宜温度为 25 ～ 30℃。拔节期日均 18℃以上。从抽雄到开花日均 26 ～ 27℃。

玉米的根为须根系，除胚根外，还从茎节上长出节根：从地下节根长出的称为地下节根，一般 4~7 层；从地上茎节长出的节根又称支持根、气生根，一般 2~3 层。株高 1~4.5 米，秆呈圆筒形。全株一般有叶 15~22 片，叶身宽而长，叶缘常呈波浪形。花为单性，雌雄同株。雄花生于植株的顶端，为圆锥花序；雌花生于植株中部的叶腋内，为肉穗花序。雄穗开花一般比雌花吐丝早 3~5 天。玉米是粗粮中的保健佳品，食玉米对人体的健康非常有利。

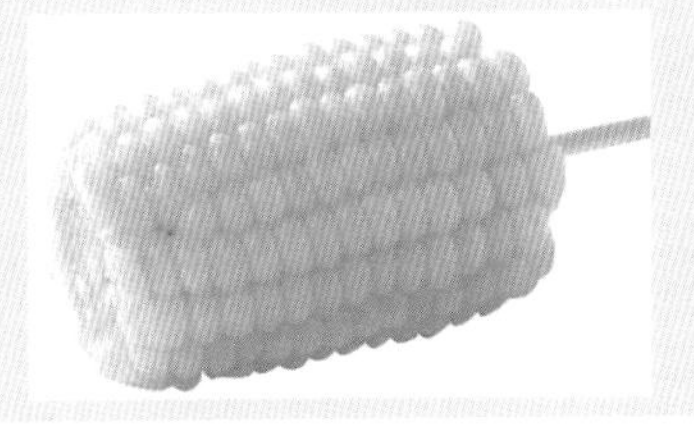

第四章
含羞草的警告
温博士说的醉美小村到底在哪里？这条路也太难走了，到处是长草。
像个原始森林一样，而且这也是目的地的必经之路，没办法呀，刀刀。

哦，居然挖出了一个奇怪的牌子，上面写有字哦。
警告
警告
前面有危险，请止步，私闯禁地者后果自负。
有危险也没办法，前面是醉美小村的必经地。
是呀，怎么办?
大家不要害怕，要勇敢向前进，我们魔法小分队向来都是迎难而上，只有走过这片森林才能算得上真正的魔法精英。

也别太担心啦，也许只是恶作剧而已。
走，继续往前走!
吓!?
好，遵命。

大家并没有理会木牌的警告，继续前行……
累呀！我已经不行了。
我要休息一下。
碰！
合拢！
碰一下叶子就闭合，含羞草。

快逃！
你们已经进入敌人的禁地。
敌人在哪里？
好久没有新鲜的食物出现了，我太高兴了！
食人花在这里等候多时了。
哇！

若雪！大家
快逃命呀！
前面有食人
花怪物！

食人花?
它居然会
移动，太
恐怖了！

别跑！我
的食物们！
刀刀，
快逃呀！

来不及了！
呼啦！
唰——！

魔法变！
变出喷火枪！

救命呀！

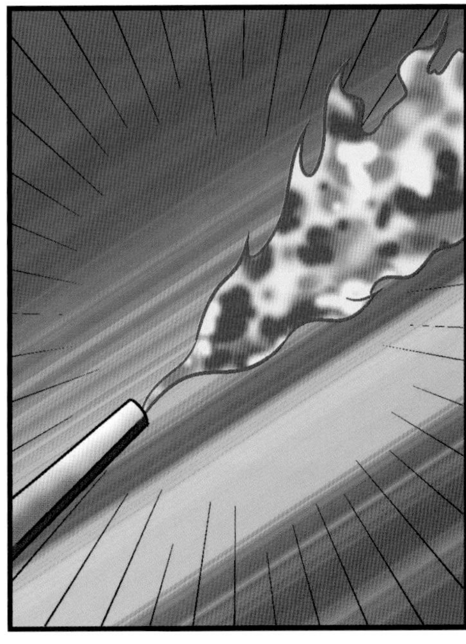

含羞草原产于中南美洲，又名知羞草、呼喝草、怕丑草；高 20 ~ 60 厘米，分枝多，遍体散生倒刺毛和锐刺；花为白色、粉红色，形状似绒球；开花后结荚果，果实呈扁圆形。含羞草的叶为羽毛状复叶互生，呈掌状排列，会对热和光产生反应，受到外力触碰会立即闭合，含羞草因此而得名。

含羞草是一种能预兆天气晴雨变化的奇妙植物。用手触摸一下，如果它的叶子很快闭合，而张开时却很缓慢，说明天气会转晴；如果叶子收缩得慢，下垂迟缓，甚至稍一闭合又重新张开，这说明天气将由晴转阴或者快要下雨了。

含羞草叶柄和叶子的茎与根相连的地方都有一些比较膨大的部分，叫叶枕。叶枕对刺激的反应最为敏感。一旦碰到叶子，刺激立即传到叶柄茎与根相连的部分，引起两个小叶片闭合起来；触动力气大一些，不仅传到小叶的叶枕，而且很快传到叶柄的叶枕，整个叶柄就下垂了。

第五章
向日葵的礼物
魔法小分队的下一站是位于东方的哇啦小镇，温博士指示他们朝着向日葵指的方向行走，可是，向日葵又在哪里呢？
上午的阳光真好！那边是什么花？好亮眼。
TABL
过去看看吧，刀刀。
好漂亮的向日葵！它们的脸都面向太阳呢！

是啊！太阳在东方，
难怪温博士让我们
跟着向日葵走。
BBLE
可为什么向
日葵会朝向
太阳呢?

在向日葵的顶端有一种能
够刺激细胞生长的激素，
叫生长素。向光的一侧生
长素浓度低，背光的一侧
生长素浓度高。这样，向
光的一侧生长区生长较慢，
背光的一侧生长区生长较
快，所以，向日葵的茎就
产生了向光性弯曲，也就
会出现花盘跟着太阳而转
动的自然现象了。
问号小拼盘

呜呜……
快看呢，这
里有一只小
袋鼠。

小家伙，肯定是
离家出走了。
BLE

怕怕！
救命呀！
哎呀！

唉……
可怜的娃。
也许是袋鼠
妈妈弄丢了
孩子。
宝宝到底
去哪里了？
大家赶紧都
去找一找。

很好，小袋鼠
失踪了。
我们要赶在
他们之前找
到小鲜肉。
真是麻烦。
刀刀，帮找
找小袋鼠的
妈妈吧。
ABLE
大家赶了一天的
路，非常疲劳。
Z Z

赶紧逃走。
呜……
哇！

好饿呀。
乖乖跟我
们回去吧！

魔法变！向日
葵大侠出现！
滚开!!可
恶的野狼！
呜……
呜……

向日葵又叫太阳花，是一年生草本植物。向日葵的茎可以长达 3 米，花头可达到 30 厘米。因花序随太阳转动而得名。

向日葵除了外形酷似太阳以外，它的花朵明亮大方，适合观赏摆饰，种子更具经济价值，不但可做成受人们喜爱的葵瓜子，更可榨出低胆固醇的高级食用葵花油。

向日葵整个生育期分为幼苗期、现蕾期、开花期和成熟期。向日葵对土壤要求不严格，在各类土壤上均能生长，从肥沃土壤到旱地、瘠薄、盐碱地均可种植。有较强的耐盐碱能力。

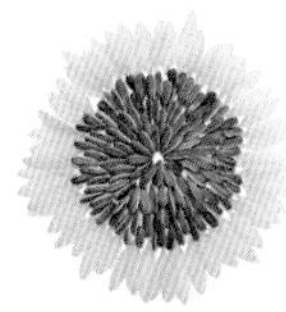

第六章
木头长了黑木耳
我们现在到达的目的地是木耳王国，大家先听我讲个真实的故事，而这个故事的主人公就是我们接下来要找的人。

猎人正在发愁
找不到猎物的
时候……
嗯?

猎物出现了，是一只野猪。

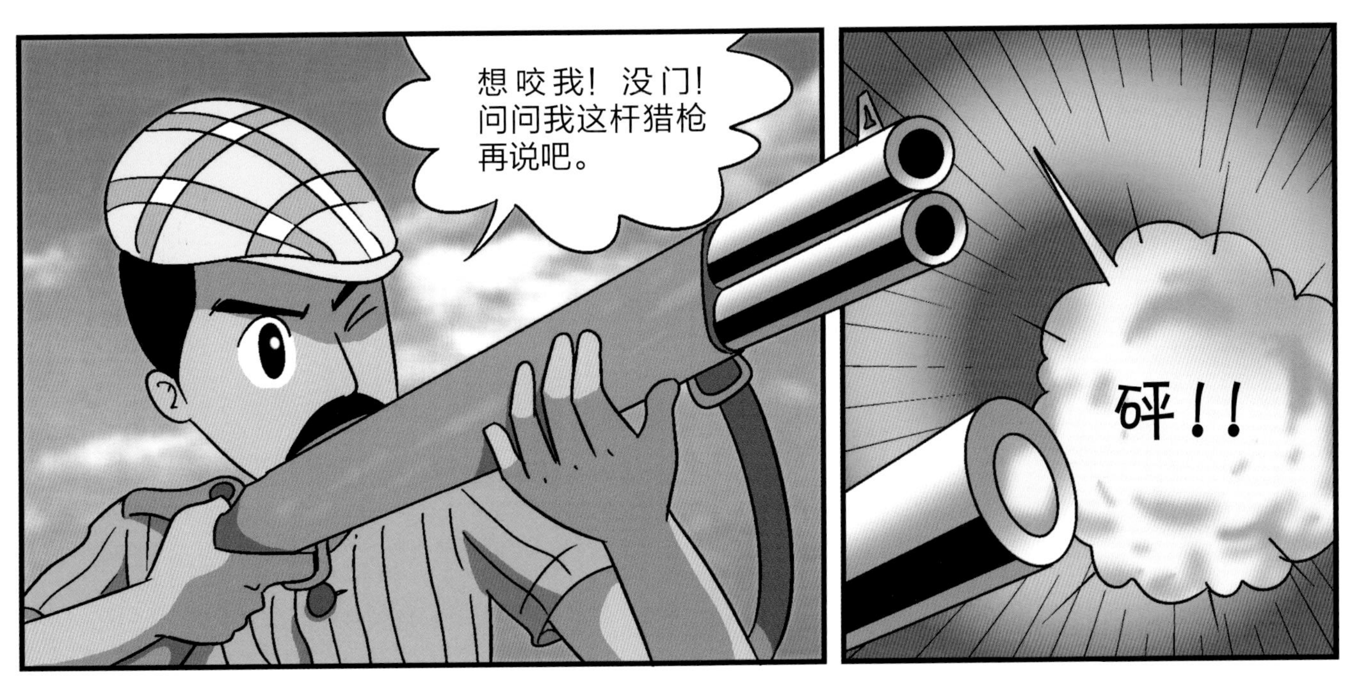
想咬我！没门！
问问我这杆猎枪
再说吧。
砰!!

然而子弹并没有打中野猪的要害，反而彻底激怒了野猪，野猪发疯似地要去攻击猎人了。

哇！
这个愚蠢的猎人被野猪赶到了深山老林里面，迷路了。
好厉害的野猪，居然打不死，好危险，总算保住了这条命。

肚子饿坏了，
赶紧找只兔子
来吃。

无奈这个猎人枪法
太差，连温柔善良
的小野兔也打不中。
笨蛋。
该死的兔子！

讨厌的猎人，
射杀兔子！

波比先别着急
嘛，听我继续
把故事讲完。

饿死我了，怎
么办？找不到
食物啊。

这个时候背包里没有任何食
物，子弹也打光了，难道猎
人就要饿死在深山老林里了
吗？猎人发愁地看着周围的
环境唉声叹气……

正当猎人无可奈何忍受饥饿的时候，他发现了树上长着一种奇怪的类似耳朵的植物。
哦。
这是什么植物？能吃吗？是上帝赐给我的吗？
问号小拼盘
猎人并不知道这种植物是什么，就让我先来解释一下再继续讲故事吧。
这种植物其实就是我们常吃的黑木耳。而猎人发现的是没有晒干的鲜木耳。鲜木耳是不能随便吃的，因为它含有一种叫卟啉的光感物质，人吃后经太阳照射就会引起皮肤瘙痒和水肿。
严重的话还会导致皮肤坏死。但是干木耳是可以放心食用的，这是因为在鲜木耳晒干的过程中，大部分的卟啉被分解了，只要在食用前把干木耳用水浸泡一段时间，剩余的卟啉就会溶解到水中，这样吃起来就不会中毒了。
先洗一下！不管了。

不管了，
尝尝看味
道如何？

好吃！真是
太好吃了，
这东西可真
救命了。

好在猎人的体质好，又赶
上阴天，便没有中毒。然
后，猎人把收获的木耳带
出深山，而这座山就是我
们今天的目的地——木耳
王国。

好啦，这个故事
讲完了，你可以
满足了吧？
我非常
不爽！
杀兔子的猎人
活该被饿死。
咳……我们现
在可就在这位
猎人叔叔的家
门口哦！

木耳又名黑木耳、云耳、桑耳、松耳、中国黑真菌。主要生长在中国和日本。大部分是东北木耳，既可野生又可以人工培植。

木耳是寄生在枯木上的一种菌类。有野生的，野生木耳生长在杨树、榕树、槐树等一百多种阔叶树枝上；也有人工培植的，用阔叶树类的椴木和木屑栽培。木耳一般宽 3 ~ 10 厘米，厚 2 毫米左右，形状像耳朵，像叶子，也有的像杯子。颜色大多是黑色的，也有白木耳。摸上去柔软有弹性。湿润时半透明，干后变得脆硬。味道鲜美，营养丰富。

第七章
无花果有花吗
哇，好大一片
无花果林啊!!
第一次见到那么
多的无花果，无
花果好吃吗?
口感不错啊!
嘿嘿……
好吃!!
你是??

我……
天气那么热，还穿成这样，不难受吗？
我穿成这样是有特殊原因的，我叫小鸡哇咔咔。
我也不想打扮成这样子。
那你脱了就不难受了。
好吧，我脱了。
我的样子吓到你们了吧？
呕！你脸上长了什么恶心的东西？
是什么？你脸上长了什么东西。

是瘊子，皮肤病的一种。不过我知道有人会治！
别担心。
跟我们上船吧。
我们会带你去治好你的皮肤病的。
谢谢你们啊。
别客气。
这里有位非常出名的中医老爷爷，他的医术是非常高明的，据说任何疑难杂症他都能治。

应该是他了。
就是他？
嗯！

大家请听上联：金鸡报晓歌大治。

你说什么？老中医，我听不懂你说什么？
呵呵！

我给人看病有一条规矩，只要你们能对出我所出的上联，我就免费帮你们看病，分文不收；但是如果你们对不出，请你们自行回家去吧。

上联：金鸡报晓歌大治，这个这个，我想想，我应该能对出来……
我还没跟你们算账呢，哼哼，你们这帮小鬼。
居然偷吃我种的无花果，不问自取者视为偷也。

请原谅我们吧，帮帮小鸡哇咔咔吧。
下联想不出来呀。
下联？
这可怎么办？
丹凤朝阳赞中兴。
对得好！对得妙！
快把病人带过来，我能治好他的皮肤病。

是长了
瘊子。

老爷爷摘
无花果做
什么呢？

把这个汁液
涂上去就可
以了。
这样就能治
好哇咔咔的
瘊子么？

你可别小看这乳白色的
汁液，它里面含有一种
叫补骨脂素的物质，涂
在瘊子上，一天一次，
瘊子就会慢慢变软，接
着就会层层脱落，皮肤
也就光滑如初了！
真是神奇
的植物！

过了几天后……

无花果生长在热带和温带。它的花序称为隐头花序，是淡红色的。花隐生于囊状总花托里面，上部雄花，下部雌花。

囊的顶端向里凹入，顶上有一个小孔，传粉的昆虫会从小孔爬进去，将雄花的花粉传到雌花柱头上，花柱就会发育形成隐藏在膨大肉质花托中的小小坚果，而后发育成汁多味美的果实。

由于无花果开花、受精和发育都是在花托内进行的，人们不见花只见果，所以称为无花果。

无花果和叶子的白汁液中含有补骨脂素、佛柑内酯等活性成分，有抗炎消肿等功效，对治疗瘊子痦子、咽喉痛等有神奇的疗效。

第八章
晚上开花的夜来香
累啊！自从来到豆豆博士的植物科技园，每天都干那么重的体力活儿，全身骨头都要散架了。
太阳晒屁股啦！起床啦！起来！
豆豆博士，别太过分了，我们是客人，不是你的工人。

去上课吧。

上课?

对，大家去认识和了解一下新品种植物的知识。

到了，这里这就是我的秘密培训基地，不少植物精英专家都是我培训出来的。
植物精英专家
培训基地
哦。

夜来香老家在亚热带，那里白天气温高，飞虫怕热不出来活动，到了晚上，气温降低，飞虫才飞出来寻找食物。这时夜来香就会散发出香味，引诱飞蛾前来传播花粉。但是这种香气却是蚊虫害怕的，所以它还可以用来驱逐蚊虫。

夜来香，也叫晚饭花、洗澡花。

等等我，我也要听课。

果实像小地雷，很多地方也叫地雷花。属茄科夜香木属。原产南美，为常绿灌木，别名月见草、夜香花等，属多年生藤状缠绕草本，分布于我国云南、广西、广东和台湾等地，是以新鲜的花和花蕾供食用的一种半野生蔬菜。

这个品种，是我当时在果农收橙子的时候在他们的家里找到的种子，听他们的讲解，我才了解到这些知识。

但是夜来香有点儿毒性，如果长期放在室内，会引起人们头昏、咳嗽，甚至失眠等。因此，夜来香不宜用作室内观赏。
1
2
3
4

救命呀！谁
来救我们。
为什么我们
一睡醒就这
样子了？
到底是谁
干的坏事？

好厉害，今天学到东西了，关于夜来香这个品种的内容，真是长见识了。
是啊。

小伙子们加油吧，以后你们就会明白为什么我会如此费心地培训你们了。

为什么要培训我们?
培养我们成为植物学家。

对！上课时间结束！大家继续去干活吧！

这里的种子已经都发给你们了，你们把这些种子全部都种植完就算完成任务了。

夜来香花瓣与白天开花的花瓣构造不同，它花瓣上的气孔有个特点：空气的湿度大，它就张得大。气孔越大，蒸发的芳香油就越多。

夜间空气比白天湿度大，所以气孔就张大，释放出的香气也就更浓。

阴雨天空气湿度大，夜来香香气也就比晴天更浓郁。夜来香靠夜间飞行的飞蛾传粉，它散发的强烈香气，引诱飞蛾前来为它授粉。

蚊虫害怕夜来香的阵阵清香，所以夜来香的附近没有蚊虫出没。

第九章
会捉苍蝇的猪笼草
地点：植物科技园
猪笼草是猪笼草属全体物种的总称。属于热带食虫植物，原产地主要为旧大陆热带地区。猪笼草叶的构造复杂，分叶柄，叶身和卷须。卷须尾部扩大并反卷形成瓶状，可捕食昆虫。

豆豆博士，这类植物捕食昆虫，难道成了肉食植物了?
我也不信。
这不大可能吧?我不信。

不信的话请跟我来吧，让你们见识一下。

大家跟过来，植物在这边。

豆豆博士，我一直在思考一个问题。

植物食虫，那它等于是食人怪物了。

没那么夸张，不过对于苍蝇而言……
它就是吃人怪。
好，我倒想看看，这类植物是如何吃昆虫的。
哗啦！

问号小拼盘

猪笼草属植物，种类繁多，全世界有 120 种左右。大多数生长在印度洋群岛、马达加斯加、斯里兰卡、印度尼西亚等潮湿热带森林里，中国海南，广东、云南等省也有这种植物。

猪笼草为多年生藤本植物，茎木质或半木质，附在树木或陆地生长，攀援生长或沿地面生长。

哇！猪笼草之王。
真的好大，居然有这么大的猪笼草。
当年，我在印度尼西亚和一群科学家在森林里找到的变异猪笼草。

你们想不想知道它吃什么?

它们吃什么?

请看，它们的食物。

刀刀，豆豆博士是坏人，快救救我们！
他想让我们做猪笼草王的食物。
救命呀！
答应我两个条件我会放了她们。
一、把温博士的科学种植机密文件交给我。
二、在我们的星球你们帮我研究开发植物，批量生产。
只要满足这两个条件，我可以放你们回到地球去。
以我的科研能力，我一定可以开发大量的神秘植物，转移到我的星球上去。
燃烧吧！魔法之火！
呼！

猪笼草，是热带食虫植物，拥有一个独特的器官——花瓶形的紫红色捕虫笼，用来吸取营养。

捕虫笼呈圆筒形，下半部稍膨大，笼口有盖。

猪笼草内笼的内壁光滑笼底能分泌黏液、消化液，捕虫笼口有蜜腺，能分泌芳香气味的蜜汁引诱蚂蚁、苍蝇、蜘蛛等虫子进入，当它们被蜜汁粘住时，笼口的小叶子就会把笼口盖住，将昆虫困死笼中，随之会被猪笼草分泌的消化液分解掉，当作肥料吸收。

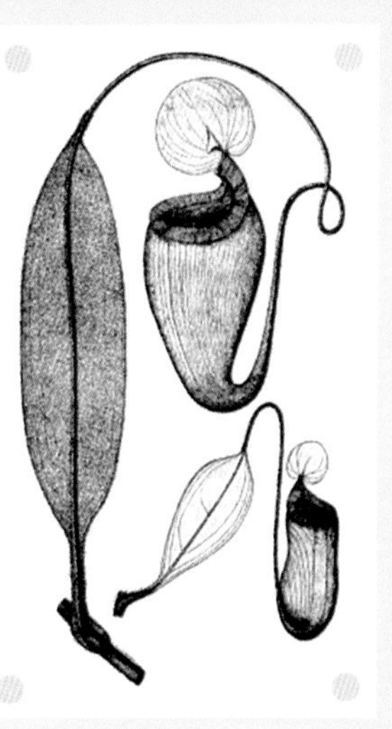

第十章
爬高冠军爬山虎
哈哈哈哈哈哈，别想和我作对，好好考虑下我开出的条件。
若雪！波比！可恶的怪博士，快放了她们两个！
卑鄙无耻的伪科学家，挨千刀的！别走呀，我要和你干一架！
球球，快联系温博士，让基地雷达跟踪他们，看看她们被捉去哪里了？
哼哼！
你想干什么？

好吧，让我来自我介绍一下吧。
我是来自哈比星球的博士，我只想拥有地球上所有植物种子，我要改变我的星球，成为植物王国，为了这个梦想我一直在努力。
刚到地球的时候我惊呆了，我的星球需要地球上所有的植物，希望可以制造出充满生机的新世界，这是我为之奋斗的终生理想。
太美丽了，我爱植物。
我的星球没有水和植物，也没有动物。在那个荒漠中，很多外星人都移民去别的星球了，我来到了地球……
可是人类并不珍惜植物。
他们大肆破坏树和森林，建造水泥房子，破坏环境，让动物失去了栖身的场所。

我们的星球，因为地理环境问题造成一棵植物也没有，没有生机，而你们人类呢则不懂得珍惜植物，所以你们人类不配拥有植物。

我……我居然没法反驳他的话。

虽然人类确实不配拥有植物，但是你绑架我们……
恶行手段令人发指。

你们外星人利用植物干坏事也是不对的。

你们不懂，我的星球需要植物和水。我相信能实现我们星球出现森林这个愿望。

大家留意我的指示，根据雷达显示，若雪和波比被绑架在这座小矮山上了。

刀刀和球球沿着爬山虎的方向往山顶爬去。
爬山虎可是名副其实的爬高冠军啊！这座小山不高，这些爬山虎貌似生长很多年了，应该能通向山顶。实在不行我们还有绳索呢，你小心点，别摔下去。
然爬山虎依靠吸盘着崖壁一步一步往爬，最高能爬 100 米，但我们这样会会太冒险了?
飞船在那，快快！
居然睡着了，这个怪物。
到了。
你负责开飞船，等我使用魔法来救人。

爬山虎又称爬墙虎、飞天蜈蚣、趴山虎、红葡萄藤、巴山虎、常青藤，葡萄科植物。枝条粗壮，老枝呈现灰褐色，幼枝呈现紫红色。夏季开小小的黄绿色花，浆果紫黑色，可用来酿酒。它有很多分枝，枝上有短短的卷须，长有随生根和吸盘。

吸盘就是爬山虎的“脚”。爬山虎的根长在地下，吸盘长在茎上。茎上长叶柄的地方伸出枝状的六七根细丝，像蜗牛的触角一样，就是吸盘，遇到物体便吸附在上面，无论是岩石、树木还是平直的墙壁，都能牢牢吸附。

我正顺着你
星球的轨迹
行进。

你们到底想干
什么?

我们按照你
的意思去拯
救你的星球。

不过有一个前提是，
完成任务后，我们
要返回地球，继续
我们自己的任务。

呼！
把温博士带给
我们的种子全
部都拿出来，
开始工作了。
魔法防护罩

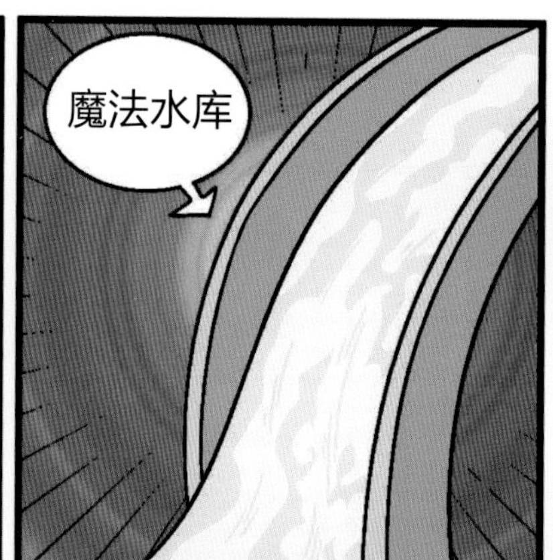

问号小拼盘

爬山虎的根茎有破瘀血、消肿毒之功效。爬山虎的根会分泌一种酸性的能腐蚀石灰岩物质，它的根会沿着墙的缝隙钻入其中，让缝隙变得更大，甚至导致墙体碎裂倒塌。

爬山虎对土壤要求不严，阴湿或向阳处都可以生长，尤以阴湿、肥沃的土壤生长最佳，对二氧化硫等有害气体有较强的抗性。

但茂盛繁茂的爬山虎会招来壁虎啊、蚊虫啊甚至还会招来蛇，所以胆小的女生可不要在爬满爬山虎的墙壁附近玩耍哦！

作者简介

王友国

山东省作家协会会员，蒙阴作协副主席，儿童文学作家，世界华人科普作家协会会员，策划出版过50多部童书，代表作如长篇校园小说《红月亮》《班头》《天上掉下个林哥哥》和《我们班的鬼精灵》《尖叫科学》《百变科学》《我爱霸王龙》等。作品曾入选台湾《国语日报》等多种选本。

苇眉儿

女，山东省作家协会会员，已陆续在《读者》《人民日报》等报刊发表各类文章200多万字。

已出版绘本《你好，大头怪》《超级大脚》、校园故事《花香伴我们快乐成长》、散文《年华深处草听风》等文学作品七部。

漫明

漫画家，漫明幻想世界工作室负责人，作品有“封神笑笑榜系列”“酷酷猫系列”“蓝猫系列”“猫男系列”“教学漫画系列”和“名人漫画系列”等。